机器人，你好！
你想怎么使唤机器人

［美］杰夫·德拉罗沙　著

秦彧　译

ROBOTS HELPING OUT

WORLD BOOK

中国出版集团

世界图书出版公司

机密档案 VII

在我们身边会出现越来越多的机器人，

它们帮我们送东西，

帮我们做家务，

甚至能帮我们打针和做手术！

Robots: Robots Helping Out

目 录

Contents

术语表的词汇在正文中
首次出现时为黄色。

你想怎么使唤机器人

我们每个人都需要帮忙。有的人需要搬运重物，有的人需要做无聊又重复的工作，有的人需要做家务，病人、残疾人和老年人需要被照顾……人们忙得不可开交，还是没法做完这一切。

晚饭做好啦！

那些让烹饪变得更加轻松的厨具，已经摆满了我们的厨房。未来的某一天，我们的厨房里可能还会出现无所不能的机器人厨师。

>>>>

别担心，我们的救星——机器人已经在路上啦！那些转来转去、爬上爬下的机器人，正走进我们的生活。机器人帮我们送东西、打扫卫生、照顾老人……除了这些，你能想到的各种需求，在未来都不算事儿。现在，你想使唤机器人做些什么呢？

既然机器人能清洁地面，为什么我们还要亲自动手呢？扫地机器人已经成了我们居家的好帮手。

人机协作

机器人和人类已经一起工作了很长时间，但他们偶尔还是会产生摩擦。

20世纪60年代，第一批工业机器人——组装汽车的机械臂进入工厂工作。这些"傻

工业机器人在汽车制造厂找到了第一份工作，它们适合干繁重、危险性高的工作。

>>>>

大个"力气大、速度快，十分笨重。为了不受工业机器人的撞击、挤压等，工人必须离工业机器人远远的，工程师还经常把工业机器人"关"在笼子里。

后来，工程师开始设计能够与人类并肩工作的机器人——协作机器人。"协作"就是共同完成工作的意思，制造协作机器人就是让协作机器人和工人"肩并肩"地一起工作。

小心，工业机器人正在工作！

曾经，工作中的工业机器人可能会伤到工人，所以工业机器人常常被关在笼子里。工程师正在努力制造能够与人类并肩工作的机器人。

工业机器人面临的挑战：

——请温柔一点儿

工业机器人由坚硬而沉重的金属制成，有很多棱角；它由电动机驱动，工作时速度快、转动力矩大；在搬运重物和快速移动方面，人类与工业机器人根本比不了……所以，使用工业机器人面临着一项重大挑战——如何预防工业机器人伤到一起工作的工人。

为什么协作机器人能够和工人友好相处呢？那是因为协作机器人身上藏了一些"秘密"，这些"秘密"分别是：（1）协作机器人的驱动力有限；（2）协作机器人的关节安装了许多传感器，如果协作机器人移动得过快，或撞到什么东西，传感器就会告知协作机器人，让协作机器人及时减速或停下；（3）协作机器人的机械臂由铝和塑料之类的轻质材料制成，协作机器人比工业机器人轻；（4）协作机器人的外形浑圆，哪怕不小心撞到工人或被工人撞到，协作机器人也不会割伤或磕伤工人。

协作机器人是为了与工人密切合作而设计的。当感知到附近有人时，协作机器人可以改变自己的动作——放缓速度，甚至停下来。

>>>>

"你好，我叫

IIWA！"

机器人 IIWA 是协作机器人，有 7 个"关节"。它占地小、重量轻、精确度高、稳定性好。与人类手臂相比，IIWA 毫不逊色，它可以弯曲、旋转和扭转。那些被派到工厂工作的 IIWA，既能安装汽车的零件，又能帮工人搬运重物，还能包装准备运输的产品。工人通过一台平板电脑，或直接抓着 IIWA 的"胳膊"，就可以让 IIWA 学习新技能。

自主性

中 ▮▮▮

IIWA 既能执行重复性任务，也善于学习新任务。作为协作机器人大家族的一员，IIWA 主要是与人类合作，而不是独立工作。

脾性

IIWA 既安静又勤奋，与人们相处得十分融洽。

名字的寓意

IIWA 是"Intelligent Industrial Work Assistant"（意思为"智能型工业作业助手"）的缩写。

重量

IIWA 只有 22 千克重。作为一台可以高负荷工作的机器人，IIWA 非常轻。

制造商

IIWA 由德国奥格斯堡的 KUKA robotics 公司制造。

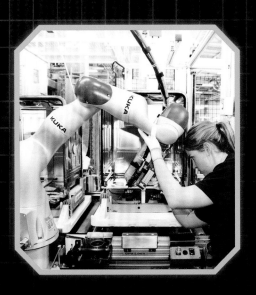

配送机器人

有时候，你想把东西从一个地方拿到另一个地方，但又不想自己拿，为什么不找机器人帮忙呢？

20 世纪 90 年代，第一批在办公室工作的机器人出现了，那就是派送信件的自动导引车。这些自动导引车在大型办公楼里派送信件，就像一个能够四处转悠的邮筒。日复一日，派送信件的自动导引车沿

在 20 世纪 90 年代的办公楼里，派送信件的自动导引车是一道亮丽的风景线。

>>>>>

机器人能把行李送到你的房间，但你会给机器人小费吗？

<<<<

着相同的路线移动，依次经过每个停站点。每到一个停站点，人们就从自动导引车的插槽里取走信件。

随着电子邮件的普及，信件越来越少，派送信件的自动导引车逐渐失业。不过，机器人仍然被用于搬运物品：一些医院让机器人运送食物、药品和化验样本，一些酒店让机器人为客人送餐和送干净毛巾……

"你好，我叫

Relay！"

机器人 Relay 是专门为室内送货而设计的。在酒店，Relay 作为服务员，送餐、送物品等。如果我们给前台打电话要一把牙刷，工作人员会把牙刷放进 Relay 顶部的储物柜里，盖好盖子，并在 Relay 的触摸屏上输入房间号。这个纸篓大小的机器人，便以每小时 6 千米的速度向房间"走"去。借助传感器和 3D 摄像头，Relay 可以避开行人。到达后，Relay 会拨通房间的电话。当我们打开房门的时候，Relay 会自动打开盖子，并发出蜂鸣声，提示我们取走牙刷。

自主性

高

不需要任何帮忙，Relay 就能自己找到房间。

制造商

Relay 由位于美国加利福尼亚州的 Savioke 公司制造。

性格

Relay 在酒店工作时，会体贴地问客人住宿体验。在成功送达物品后，Relay 还会跳一小段庆祝的舞蹈。

尽管吩咐

Relay 也能为医院和豪华公寓提供送货服务。

没有手指？

Relay 虽然没有手指，但可以借助 Wi-Fi "按" 电梯楼层。

走街串巷的机器人

配送不可能都在同一个建筑物内。快递员走街串巷，把包裹送到我们家；忙忙碌碌的外卖骑手，给饥肠辘辘的我们送来美食……以前，这些物品都是人工配送；现在，机器人竞相加入配送大军。

用不了多久，我们的外卖将由机器人配送。

<<<<

送餐机器人 Starship 看上去像一个带轮子的保温箱，它以步行的速度在人行道上行驶。Starship 拥有一个可以上锁的保温箱，能安全地保存食物，并为食物保温。Starship 利用 GPS 寻找目的地，通过传感器和摄像机发现并避开行人，它还可以自己过马路。万一这个跑来跑去的"保温箱"卡在了什么地方，操作人员还可以远程遥控。通过送餐，Starship 被不断改进。2017 年 6 月 18 日，京东配送机器人在中国人民大学顺利完成全球首单配送任务。

如果送货路程太长或货物尺寸太大，"走"在人行道的配送机器人就不适合执行送货任务了。美国 Nuro 公司生产的配送机器人 R1 像一辆小汽车，能在城市道路上行驶。不过，R1 的内部没有载人空间，它的舱室都留给了需要运送的货物。R1 比普通汽车更加小巧紧凑，能降低发生事故的概率。为了进一步提高安全性，R1 行驶缓慢。

许多研发自动驾驶汽车的公司仍在研究自动驾驶汽车，而 R1 已经在为客户配送食品和杂货了。

扫地机器人面临的挑战:

保证所有的地板都被清扫

对于机器人来说，在人来人往的人行道上自如"行走"不是件容易的事情，那扫地是不是就小菜一碟了呢？为了做好扫地这个简单的家务活，机器人配备了一些强大的功能：发现和清除灰尘，感知和避开障碍物，当快没电时找到并返回充电座……

对于矮的扫地机器人来说，清洁床底真是一点儿问题都没有。

<<<<

虽然配备了这么多强大的功能，但扫地机器人还不能做到尽善尽美。保证所有的地板都能被清扫，是扫地机器人面临的最大挑战。如何规划并走完一条覆盖整个房间的最佳路线，是一项非常复杂的任务。

随机游走

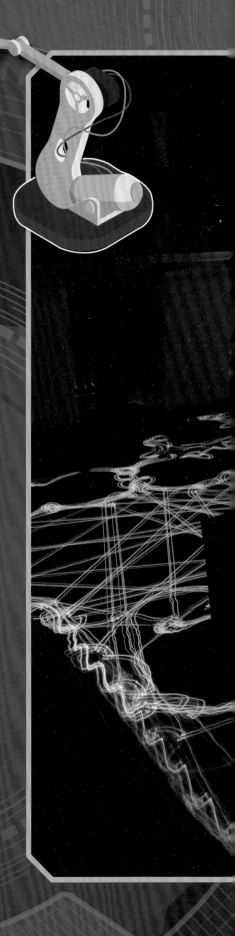

在 21 世纪初，工程师在扫地机器人领域取得了重大突破。工程师认识到，如果想要打扫完整个房间，扫地机器人不需要规划出一条复杂的路线，随机游走就行。

随机游走就是扫地机器人遵循一组简单规则进行许多次移动。开始的时候，扫地机器人可以朝着任意一个方向出发，每遇到一个障碍物，扫地机器人就会简单地转个弯儿，朝着新的方向行驶。表面上看，扫地机器人的移动是完全随机的；实际上，只要在房间里反反复复、纵横交错地不断游走，扫地机器人就极有可能清洁到所有地板。

随机游走并不是很有效率，机器人可能在同一个位置清洁好几次。不同于人类，扫地机器人有的是时间和耐心，它可以在家里东游西逛一个下午。工程师也在努力结合灰尘识别、螺旋式清扫和虚拟墙等，提升扫地机器人的工作效率。

随机游走

这张图显示了一个扫地机器人在地板上随机走过的路线。扫地机器人重复走过了好多地方，也没有漏过一个角落。

"你好，我叫

Roomba！"

  Roomba 是一款全自动化的扫地机器人。Roomba 是可充电的，在多种传感器的帮助下，可以避开重重障碍，完成清洁任务。2002 年，Roomba 首次进入家庭，那时的 Roomba 主要依赖随机游走，会在房间里四处乱转，打扫每个地方。后期的 Roomba 增加了灰尘识别和路径规划功能。

自主性

高 ▮▮▮▮▮▮▮▮▮▮▮▮▮

每当人们外出时，Roomba 就会清洁地板。

腾挪自如

Roomba 的两个轮子可以朝相反方向旋转。这种设计使 Roomba 能够轻松掉头，不会卡在沙发后面了。

销量

Roomba 的全球销量已达几百万台。

防跌落

当 Roomba 靠近陡坡或台阶的边缘时，装在 Roomba 底部的悬崖传感器会发出警报，防止 Roomba 跌落。

制造商

Roomba 由 iRobot 公司制造。

Roomba 操作简便，清洁力强。Roomba 的出现，激发了机器人清洁器的设计灵感。现在，很多扫地机器人还能擦地呢！

割草机器人 Robomow 的割草方式，与清理地面的方式几乎完全一样。在自动模式下，Robomow 一边在院子里转悠，一边用它的双刃刀把草坪修剪到适当的高度。在草坪湿漉漉的时候，Robomow 会罢工，因为 Robomow 还装备了湿度传感器，而湿草有可能损坏 Robomow 的刀具。

Robomow 能让我们的草坪永远像模像样。即便在最炎热的夏日，Robomow 也会不知疲倦地修剪草坪。

为什么浪费时间和人力清洁泳池呢？明明一台机器人就可以搞定！这台泳池吸污机正在清洁泳池底部，它能擦掉污渍，并过滤池水。

<<<

还有一种一点儿也不怕湿的机器人——泳池吸污机。泳池吸污机看起来像漫游车，会清洁池壁和泳池底部，擦掉泳池里黏糊糊的东西，并过滤泳池里的污垢。

"随时为您效劳！"

无论是扫地机器人，还是割草机器人，它们通常只能帮我们做一种事情。而一些机器人助手不仅能扫地或除草，还能从其他方面给我们细致入微的关怀。

通过这款小巧的智能音箱，我们能唤醒机器人助手。机器人助手可以回答问题，也可以帮我们做其他事情。

>>>>

机器人助手，其实就是机器人的"身体"加上语音助手。化虚拟为实体的机器人助手"多才多艺"，可以帮我们拿饮料，可以帮我们订外卖，还可以提醒我们按照预约去看牙医……

许多家庭已经开始使用智能家居。智能家居通过物联网技术将家中的设备连接在一起，人们可以通过语音助手，设置语音提醒、播放音乐、控制照明……连上网络，你还可以通过智能家居防盗报警。智能家居还能感应控制、定时控制……非常便利。

深圳市优必选科技有限公司制造的 Walker 机器人是一位机器人助手，可以帮人们做许多家务活。

"你好，我叫 Aeolus！"

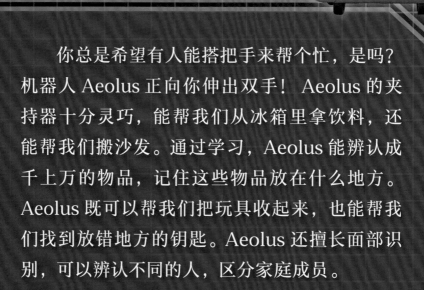

你总是希望有人能搭把手来帮个忙，是吗？机器人 Aeolus 正向你伸出双手！ Aeolus 的夹持器十分灵巧，能帮我们从冰箱里拿饮料，还能帮我们搬沙发。通过学习，Aeolus 能辨认成千上万的物品，记住这些物品放在什么地方。Aeolus 既可以帮我们把玩具收起来，也能帮我们找到放错地方的钥匙。Aeolus 还擅长面部识别，可以辨认不同的人，区分家庭成员。

自主性

高

Aeolus 会整理东西，可以让人类不再动手。

语音控制

Aeolus 能对你的口头指令做出回应。

名字的寓意

Aeolus 与希腊神话中的风神同名，寓意聪明伶俐、行动如风。

大小

Aeolus 的"身高"和"体重"，与一个 12 岁的儿童相当。

全能助手

Aeolus 还能得心应手地使用吸尘器和拖把，是个全能助手。

制造商

Aeolus 由位于美国加利福尼亚州旧金山的 Aeolus Robotics 公司制造。

医用机器人

人们需要机器人帮忙的地方，不只在家庭。在一家繁忙的医院里，有伤者急需手术，有病人需要看护，还有药物需要配送……这些都给医务人员带来了大量工作。不过还好，有医用机器人可以帮忙。

在第一批进入医院的机器人中，一些医用机器人已经参与外科手术了。从20世纪80年代起，一些医院开始引入机械臂辅助外科手术，机械臂的顶端安装手术刀等手术器械。这些机械臂的自主性很低，没有独立操作能力，由外科医生操作。

在已经进行的试验中，医用机器人的自主性有了显著提高。在2016年的一次试验中，机器人STAR施行了猪肠道的缝合手术，比同场竞技的人类完成得更好。STAR是"Smart Tissue Autonomous Robot"（意思为"智能软组织自主机器人"）的缩写。

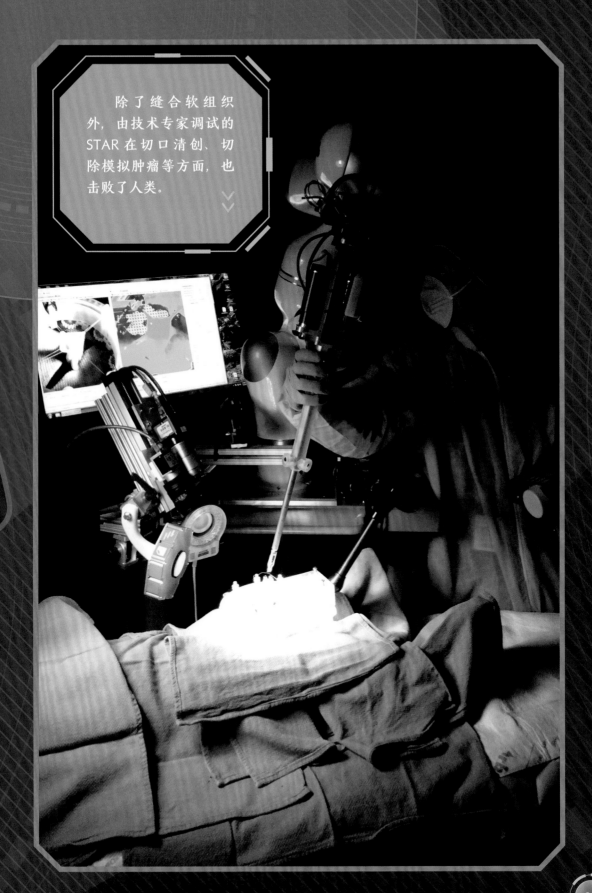

除了缝合软组织外，由技术专家调试的 STAR 在切口清创、切除模拟肿瘤等方面，也击败了人类。

药品的调剂是一项需要细心和耐心的工作，数药片、取药水的工作无聊又重复，但一次错误就可能危及病人的生命。幸运的是，医用机器人很适合做这类重复性的工作，它们既不会厌烦也不会出错。

　　在一些医院和药店，药品的调剂都用医用机器人。Omnicell 公司的 XR2 就是专门为医院设计的。XR2 的主体是一条机械臂，可以在专门设计的房间里来回滑动，完成药品的分拣和配发等工作。

在药品过期之前，XR2 将药品配发出去，减少不必要的浪费。

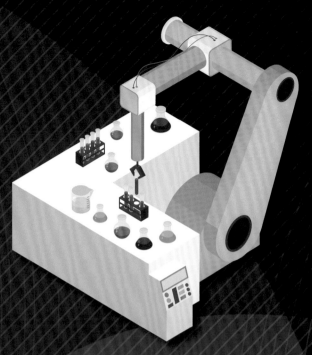

你会让机器人帮你扎针采血吗？机器人 Veebot 就是一款抽血机器人，使用红外线和超声波扫描病人的手臂，寻找适合抽血的静脉。Veebot 与手法娴熟的护士一样出色，常常一针就能见血。

"可能会痛······
我尽量轻点儿！"

Veebot 的表现证明，它能找准适合抽血的静脉，减少疼痛。

"你好，我叫

TUG！"

相比于家，医院总是很大，病人需要从食堂取食物，从药房取药，从化验室取化验单……总有东西需要从医院的一头拿到另一头，机器人TUG刚好可以帮忙。TUG高约1.2米，像老式派送信件的自动导引车，TUG能设定许多停靠点。TUG存储了医院地图，还安装了激光雷达、红外线传感器和超声波传感器。依靠这些设备，TUG可以熟门熟路地在医院穿行。

自主性

高

TUG 在医院里行走自如，不过，它偶尔也需要人类帮忙清除路障。

安全交付

TUG 将装有药品的储物格上锁，只有医务人员才能取出药品。

外形

TUG 看上去像一个带轮子的小柜子。

制造商

TUG 由美国宾夕法尼亚州匹兹堡的 Aethon 公司制造。

口音

为了交付一个澳大利亚的订单，TUG 学了澳大利亚口音，不再是以前机械风格的口音了。

护理
机器人

如果说谁最需要一个机器人助手，那一定是老年人。老年人将率先参与机器人革命，是不是有点难以置信？当人们渐渐变老、体力变差、行动困难时，他们最需要一个机器人助手。

日本缺少照顾老年人的护理人员，所以日本的老年人更需要护理

一些养老院正在使用机器人Pepper与老年人互动，陪老年人参加活动。

>>>>

泰国 CT Asia Robotics 公司生产的 Dinsow Mini，就像是老年人的小伙伴，它可以提醒老年人吃药，可以播放锻炼身体的视频，还可以陪老年人玩益智游戏。

>>>>

机器人。一些日本的养老院，已经开始使用护理机器人帮老年人起身、锻炼，甚至陪老年人玩耍。

有了护理机器人的帮忙，老年人就不用困在养老院了。Dinsow Mini 可以完成许多日常事务，它能提醒老年人服药，能帮老年人社交，还能监测老年人的睡眠情况，并在老年人醒来后告知护理人员。

"你好，我叫

Robear !"

　　对于护士和其他护理人员来说，抬起那些自己无法起身的病人是个大难题。外表"熊头熊脑"的机器人 Robear 是一款人形机器人，强壮的它可以帮病人站起来，还可以帮病人换床。你可能觉得举起东西是一件很简单的事情，但别忘了机器人很难对人"轻手轻脚"。作为"熊护士"的 Robear 装了力矩传感器、触摸传感器等多种传感器，时刻提醒它不要用力过猛。Robear 的手臂是由软橡胶做成的，能避免碰伤或擦伤病人。

自主性

高 ▮▮▮▮▮▮▮▮▮▮▮▮

Robear 可以识别语音和触摸指令。

大力士

Robear 可以举起大约 80 千克的重物。

"让我把腿放进去，拜托啦！"

Robear 利用可伸缩的双腿保持自身的稳定，它的双腿可以缩回"身体"里。

制造者

Robear 由日本理化学研究所制造。

可爱度

抱起人的 Robear 像不像一只可爱的太空熊呀？

在机器人身边老去

护理机器人能帮助老年人，让他们的日常生活变得更加轻松。有人认为，护理机器人还能帮老年人解决另一个问题——孤独，那些孤独的老年人容易受到抑郁等一系列健康问题的困扰。如何缓解老年人的孤独感，成为护理中的主要问题。

护理机器人是老年人或残疾人的好帮手，帮他们实现生活"自理"。

>>>>

仿佛欢聚一堂，实则天各一方

虽然我们请护理机器人照顾年迈的亲人，但是我们会不会越来越少地去探望他们呢？

<<<<

有些机器人的设计，就是为了帮老年人缓解孤独感。Dinsow 这样的机器人可以通过视频聊天等社交软件，帮老年人与社会建立联系。一些养老院也在尝试使用机器人宠物，缓解老年人的孤独感。

也有不少专家担心护理机器人会让老年人更加孤独。这些专家认为，那些由护理机器人照顾的老年人，与人类的接触机会变少，而老年人与他人的互动十分重要，机器人的陪伴是无法替代的。

治疗机器人

机器人不但可以照顾病人，还能帮病人日渐康复。治疗机器人的功能，就是帮人们进行身体或心理的康复治疗。

HAL 是"Hybrid Assistive Limb"（意思为"混合辅助肢体"）的缩写，是一款治疗机器人，适用于那些脊椎受伤或发生过中风的病人，可以帮病人重新行走。名如其"人"，HAL 看起来并不像一款中规中矩的机器人，是一套可供人类穿戴的动力外骨骼机器人。当穿戴 HAL 的人类试图行走时，他的大脑会向 HAL 发出信号，HAL 获取信号，启动相应关节里的电动机，移动肢体。

机器人 Phobot 是一款模拟人类恐惧的试验治疗机器人。Phobot 用乐高头脑风暴套装搭建，借助声音和面部表情来表达恐惧。Phobot 为我们展示了机器人的一种应用前景——帮孩子治疗恐怖症。

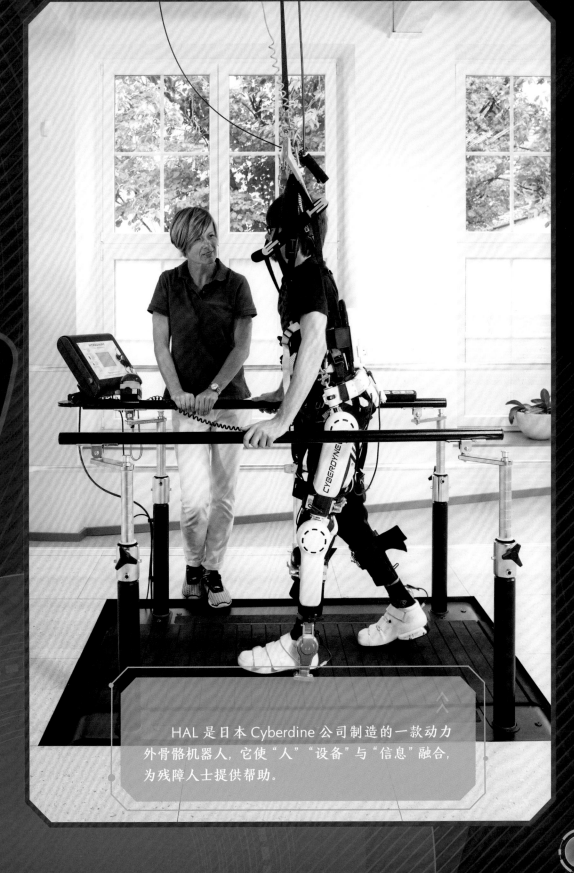

HAL 是日本 Cyberdine 公司制造的一款动力外骨骼机器人，它使"人""设备"与"信息"融合，为残障人士提供帮助。

"你好，我叫

Paro !"

你不会想到机器人也能十分可爱，让你忍不住地想抱抱它。机器人 Paro 的外形独特，看起来酷似一只惹人喜爱的海豹宝宝。这个毛茸茸的小家伙喜欢被人抚摸，当你抚摸 Paro 时，Paro 就会扭一扭尾巴，高兴地咕咕"叫"。Paro 并不只是一只毛绒玩具，它可以代替宠物让人们平静下来。

自主性

高 ▮▮▮▮▮▮▮▮▮▮▮▮

Paro 了解人们的行为习惯，知道怎么做才能得到更多的抚摸。

可爱度

还有什么东西会比一只海豹宝宝更可爱呢？

移动能力

Paro 更像是一只能随身携带的宠物，而不是一台冷冰冰的机器。

制造商

Paro 由日本产业技术综合研究所制造。

"你好，Paro！"

Paro 会"听"声音，每只 Paro 都能记住自己的名字。

技能

对患阿尔茨海默病的老年人来说，Paro 是一只十分合适的"宠物"，因为这些老年人缺乏照料真正宠物的能力。

术语表

随机游走：指扫地机器人遵循一组简单规则进行许多次移动。

灰尘识别：当感应到有颗粒时，扫地机器人判断该区域有比较多的灰尘，然后启动重点清扫模式，在该范围重复清扫。

湿度传感器：能感受气体中水蒸气的含量，并转换成可输出信号的传感器。

泳池吸污机：一种不怕湿的机器人，能清洁池壁和泳池底部，并过滤泳池里的污垢。

智能家居：以住宅为平台，兼备建筑、网络通信、信息家电、设备自动化，集系统、结构、服务、管理为一体的，高效、舒适、安全、便利、环保的居住环境。常见的智能家居是用电子产品语音控制的。

物联网：指信息空间与物理空间的融合，将一切事物数字化、网络化，在物品之间、物品与人之间、人与现实环境之间实现高效信息交互的网络。

力矩传感器：能感受力矩，并转换成可输出信号的传感器。

动力外骨骼机器人：又称"电子腿"，一类可被人类穿戴的机器人框架或套装。

恐怖症：过分和不合理地惧怕某种客观事物或情境，伴有明显的自主神经症状，并极力回避该事物或情境的神经症。

阿尔茨海默病：一种常见的、与年龄密切相关的神经系统变性疾病。65 岁以前发病者称早老性痴呆，65 岁以后发病者称老年性痴呆。

致谢

本书出版商由衷地感谢以下各方：

Cover © Kirill Makarov, Shutterstock

4-5 © PaO Studio/Shutterstock; © Diego Cervo, Shutterstock

6-7 Library of Congress; © Renault/ullstein bild/Getty Images

8-9 © Universal Robots

10-11 © KUKA AG

12-13 © Denver Post/Getty Images; © Akio Kon, Bloomberg/Getty Images

14-15 © Savioke

16-17 © Starship Technologies; © Nuro

18-19 © B Planet/Shutterstock

20-21 Andreas Dantz (licensed under CC BY 2.0)

22-23 © iRobot Corporation

24-25 © Robomow Friendly House; © Peter Radosa, Shutterstock

26-27 © Amazon.com; © UBTECH Robotics

28-29 © Aeolus Robotics; © David Becker, Getty Images

30-31 Children's National Health System

32-33 © Robin Nelson, ZUMA Press/Alamy Images; © Veebot Systems

34-35 © Aethon

36-37 © Boris Roessler, Picture Alliance/Getty Images; Jahja Jaychay (licensed under CC BY-SA 4.0)

38-39 © RIKEN

40-41 © Jens Kilian, Fraunhofer IPA; © CT Asia Robotics

42-43 © Carsten Behler, Fotogloria/UIG/Getty Images

44-45 © The University of Auckland

索引